Matthias Surovcik

Was jede Elektrofachkraft wissen muss

Grundlagen der Fachkunde für Elektrotechniker, Elektriker und Elektroingenieure

- Das Skript zum Hörbuch -

Was jede Elektrofachkraft wissen muss

Was jede Elektrofachkraft wissen muss - Grundlagen der Fachkunde für Elektrotechniker, Elektriker und Elektroingenieure

http://tcs-engineering.de

Impressum:

Titel: Was jede Elektrofachkraft wissen muss

Untertitel: Grundlagen der Fachkunde für Elektrotechniker, Elektriker und Elektro-ingenieure

Autor: Matthias Surovcik

Korrektorat: Puhl & De Pizzol GbR

1. Auflage

Erstveröffentlichung: März 2022

Verwendete Schriftart: Charis SIL

Verlag: Matthias Surovcik Verlag, Wald

ISBN: 978-3-943247-05-3

http://msverlag.com

Bibliografische Information der Deutschen Nationalbibliothek
Die Deutsche Nationalbibliothek verzeichnet diese Publikation in der Deutschen Nationalbibliografie; detaillierte bibliografische Daten sind im Internet über http://dnb.d-nb.de abrufbar.

Inhaltsverzeichnis

Einleitung

Liebe Kollegin, lieber Kollege,
geschätzte Interessierte und Neugierige,
schön, dass Sie das Hörbuchskript lesen. Mit Hilfe dieses Mediums möchte ich Ihnen zusätzlich zum Hörbuch die wichtigsten Grundlagen der Fachkunde in der Elektrotechnik näherbringen. Skript und Hörbuch richten sich in erster Linie an Berufstätige und in der Ausbildung befindliche Hörerinnen und Hörer - beziehungsweise Leserinnen und Leser - aus der Elektrotechnik und setzt damit ein gewisses Grundwissen der Elektrotechnik voraus. Dabei kann und will ich als Autor keinesfalls einen Anspruch auf Vollständigkeit erheben. Der Titel lautet auch bewusst *„Was jede Elektrofachkraft wissen muss“* und definitiv nicht *„Alles, was eine Elektrofachkraft wissen muss“*. Das wäre im Ergebnis um ein Vielfaches länger als die Hörbücher aller *„Harry-Potter-Bände“* plus *„Herr der Ringe“* zusammen. Sollte es einmal aber die gesammelten Werke der VDE einschließlich Kommentarliteratur als Hörbuch geben, käme das dem vermutlich am nächsten. Daher musste eine Auswahl getroffen und jedes Thema nur in seinen Grundzügen behandelt werden. Auch muss jeder Arbeitsbereich einen eigenen Fokus haben, weswegen auch nicht der Anspruch besteht, dass die Gewichtung der einzelnen Inhalte in dem Hörbuch

dieses Skripts jedem Fachbereich gleichermaßen entsprechen. Dennoch soll es hier einen fundierten Überblick zu den für alle Elektrotechnikerinnen und Elektrotechnikern wichtigsten Themen geben und auch Interessierten mit elektrotechnischen Grundkenntnissen einen Einblick gewähren. Sie werden als geneigte Hörer beziehungsweise Leser auch feststellen, dass sich die Inhalte der Kapitel stark am Niederspannungsbereich orientieren und die Hochspannung nur einen kurzen Exkurs erfährt. Hören Sie sich das Hörbuch ruhig häufiger an, gerne auch beim Autofahren, im Bus oder während einer Zugfahrt, wenn Sie der Typ dafür sind. Gerade bei Fachhörbüchern kommen einem oft gute Gedanken nach mehrfachem Hören, und genau das möchte ich als Autor Ihnen bescheren: gute Gedanken, die Ihnen für Ihre Arbeit und Ihre Sicherheit an elektrischen Anlagen und Betriebsmitteln nützlich sind.

Lassen Sie uns also im Folgenden gleich mit dem Thema beginnen, welches ohne Zweifel für alle Elektrofachkräfte gleichermaßen von zentraler Bedeutung ist.

Die Fünf Sicherheitsregeln

Die in der VDE 0105-100 definierten fünf Sicherheitsregeln lauten:

- Erstens: Freischalten
- Zweitens: Gegen Wiedereinschalten sichern
- Drittens: Spannungsfreiheit feststellen
- Viertens: Erden und Kurzschließen
- Fünftens: Benachbarte, unter Spannung stehende Teile abdecken oder abschranken

Diese Regeln können sich je nach Sprache und Land auch etwas unterscheiden, insgesamt sind sie aber weltweit gültig. Die englische Version beispielsweise lautet:

- Disconnect from the mains
- Secure against reconnection
- Verify that the system is dead
- Carry out earthing and short circuiting
- Provide protection from adjacent live parts

Diese fünf Regeln muss jede Elektrofachkraft beherrschen. Ich gehe soweit zu behaupten, eine Person, welche die fünf Sicherheitsregeln nicht beherrscht, kann keine Elektrofachkraft sein, egal, welche Qualifizierungen sie hat.

Freischalten

Bevor an einer Anlage oder einem Betriebsmittel gearbeitet wird, schaltet man diese spannungsfrei. Man trennt also alle spannungsführenden Teile oder Anschlüsse von der Anlage oder dem Anlagenteil, an welchem gearbeitet werden soll. Man spricht daher auch vom „*allpoligen Trennen*“, da alle Pole getrennt werden. Dies kann etwa die drei Phasen eines Systems betreffen. Es reicht jedoch nicht aus, lediglich über einen Kippschalter auszuschalten, wie man es vom Küchenlichtschalter kennt.

Gegen Wiedereinschalten sichern

Es genügt nicht, spannungsfrei zu schalten, es muss auch sichergestellt werden, dass es niemandem möglich ist, das System erneut unter Spannung zu setzen. Hierzu gibt es unterschiedliche Sperrvorrichtungen. Eine solche wird oft mit einem Vorhängeschloss gesichert. Natürlich kann das nicht verhindern, dass jemand mit aller Gewalt wieder zuschaltet. Es geht aber nicht um die Befürchtung, dass jemand mit einer Flex das Vorhängeschloss entfernen könnte, sondern darum, dass jemand aus gedankenverlorenem Handeln heraus die Anlage wieder einschalten könnte. Schilder mit Hinweisen wie *„Nicht Schalten“* und einem passenden Piktogramm hierzu werden zusätzlich angebracht. Das zu verwendende Schild zeigt hierbei das Sicherheitszeichen P 031 "*Schalten verboten*" nach EN ISO 7010. Dies ersetzt aber nicht das reale Sichern gegen Wiedereinschalten etwa mit einem abzuschließenden Vorhängeschloss. Meine Empfehlung hierbei ist, dass nach Möglichkeit jede Elektrofachkraft ihr eigenes Schloss hat. Denn *Sie* als Elektrofachkraft sollten den Schlüssel zu Ihrer eigenen Sicherheit auch selbst in der Hand behalten.

Spannungsfreiheit feststellen

Nachdem Sie freigeschaltet und gegen Wiedereinschalten gesichert haben, müssen Sie feststellen, ob das System oder der Anlagenteil, an welchem Sie arbeiten wollen, auch wirklich frei von Spannung ist. Dies wird bei Niederspannungen, also bei Spannungen unterhalb von 1000 Volt Wechsel- und 1500 Volt Gleichspannung, mit einem zweipoligen Spannungsprüfer nach der internationalen Norm IEC 61243-3 beziehungsweise der europäischen Norm EN 61243-3 durchgeführt, beispielsweise mit einem Duspol – keinesfalls mit einem Multimeter! Ein Multimeter mit integriertem

Voltmeter ist ein Messgerät und kein Prüfgerät. Es ermöglicht beispielsweise Bedien- oder Einstellungsfehler und benötigt eine eigene Spannungsquelle, zum Beispiel in Form einer Batterie, um korrekt zu arbeiten. Ein Spannungsprüfer nach EN IEC 61243-3 hat zwar oft eine eigene Batterie für Zusatzfunktionen oder einen Selbsttest, aber sobald eine Spannung vorhanden ist, wird diese auch so von diesem Prüfgerät angezeigt. Hierzu zeigt ein zweipoliger Spannungsprüfer Spannungsbereiche an. Er ist aber direkt vor dem Einsatz auf Funktionsfähigkeit zu prüfen, beispielsweise an einer naheliegenden Schuko-Steckdose. Kontaktlose Spannungsprüfer sind zur Feststellung der Spannungsfreiheit nicht zulässig. Kontaktlose Spannungsprüfer werden sehr gerne von Elektrofachkräften eingesetzt. Das ist auch zulässig, um festzustellen, ob an einer bestimmen Stelle Spannung ist. Beispielsweise um Schaltungen und Anschlüsse einer Installation zu überprüfen. Aber sie sind nicht zulässig zur Feststellung der Spannungsfreiheit. Das Feststellen der Spannungsfreiheit passiert mit der Absicht, an der Anlage zu arbeiten und gegebenenfalls sonst unter Spannung stehende Teile nun spannungsfrei auch berühren zu können. Um also diese Arbeit zu tun, ist es erforderlich, die Spannungsfreiheit festzustellen, was nur mit einem zweipoligen Spannungsprüfer nach EN 61243 zulässig ist.

Es heißt auch aus gutem Grund „*Spannungsfreiheit feststellen*“ und nicht „*prüfen*“, denn bevor an der Anlage gearbeitet werden darf, ist festzustellen, dass keine Spannung vorhanden ist. In der Regel ist also das erforderliche Ergebnis einer Prüfung enthalten. Denn bei einer reinen Prüfung könnte ja auch „*Ja, da ist Spannung drauf*“ ein mögliches Prüfergebnis sein. Damit niemand auf die Idee kommt zu sagen „*Ja, Spannungsfreiheit ist geprüft, kam raus, dass da wohl noch Spannung drauf ist, aber ich mach einfach mal weiter im Text*“, heißt die Regel explizit „*Spannungsfreiheit feststellen*“, um zu verdeutlichen, dass die Regel nur dann korrekt durchgeführt wurde und weitergearbeitet werden darf, wenn man festgestellt hat, dass allpolig keine Spannung mehr vorhanden ist. Also auch wenn der Vorgang natürlich eine Prüfung mit einem Prüfgerät darstellt, ist die Regel und damit die Bedingung zur Weiterarbeit erst erfüllt, wenn auch festgestellt wurde, dass Spannungsfreiheit herrscht.

Erden und Kurzschließen

Um mit einer Klarstellung gleich zu beginnen: es heißt NICHT *„Kurzschließen und Erden"*, sondern ganz bewusst *„Erden und Kurzschließen"*. So werden nach dem Feststellen der Spannungsfreiheit die Erdungsanlage mit allen Leitern kurzschlussfest verbunden. Die Reihenfolge ist dabei sicherheitsrelevant. Kurzschlussfest bedeutet, dass die hierfür eingesetzte Vorrichtung – beispielsweise die Erdungsgarnitur – so beschaffen sein muss, dass sie auch im Falle des Zuschaltens den vollen Kurzschlussstrom übersteht. Es sollen Sicherungen zeitlich eindeutig und zuverlässig vor der Vorrichtung zum *„Erden und Kurzschließen"* durchbrennen. Von besonders hoher Bedeutung ist das *„Erden und Kurzschließen"* als Sicherheitsregel im Mittel- und Hochspannungsbereich. Allgemeinhin ist das Erden und Kurzschließen zwar erst ab Mittelspannung erforderlich und darf bei Niederspannung unterbleiben, solange die ersten drei Regeln ordnungsgemäß durchgeführt wurden, jedoch gibt es auch im Niederspannungsbereich hinreichend Situationen, bei welchen das Erden und Kurzschließen sinnvoll ist. Bei einer Ihnen unbekannten Installation würde ich das *„Erden und Kurzschließen"* in jedem Fall auch bei Niederspannungsanlagen empfehlen.

Benachbarte, unter Spannung stehende Teile abdecken oder abschranken

Sollten sich in der unmittelbaren Umgebung der Anlage oder des Anlagenteils unter Spannung stehende Teile befinden, welche nicht vollständig berührsicher sind und auch nicht abgeschaltet werden können, so sind diese mit adäquaten Mitteln wie speziellen Isoliermatten sicher abzudecken, sodass man auch bei versehentlichem Kontakt vor einem elektrischen Schlag geschützt ist. Wenn dies nicht möglich ist, müssen diese zumindest soweit abgeschrankt werden, dass ein versehentliches Berühren unmöglich ist, solange man sich auf der sicheren Seite der Abschrankung befindet. Im Prinzip ist es ganz einfach: Ist etwas in der Nähe unter Spannung, schalten Sie es ab! Wenn das nicht geht, decken Sie es isolierend ab. Wenn das auch nicht geht, so schranken Sie es zumindest ab und halten hinreichenden Sicherheitsabstand.

Definition der Elektrofachkraft und Rollen der Verantwortung

Nach DGUV Vorschrift 3 ist Elektrofachkraft, *„wer aufgrund seiner fachlichen Ausbildung, Kenntnisse und Erfahrungen sowie Kenntnis der einschlägigen Bestimmungen die ihm übertragenen Arbeiten beurteilen und mögliche Gefahren erkennen kann.“*

Bei der Elektrofachkraft handelt es sich nicht um eine formale Qualifizierung, sondern mehr um einen Kompetenzstatus, welcher sich in erster Linie auf die Elektrosicherheit von Mensch und Maschine bezieht. Man wird als Elektrofachkraft von seinem Arbeitgeber eingesetzt, gegebenenfalls sogar formal ernannt. Jeder braucht eine Einarbeitungszeit, um die Abläufe und die Kultur eines Unternehmens kennen zu lernen. Da stellt die Elektrotechnik keine Ausnahme dar. Zu den erforderlichen Kenntnissen und Erfahrungen gehört nämlich auch die Kenntnis des Unternehmens. Dementsprechend ist es allgemeiner Konsens, dass eine fachliche Berufsausbildung oder ein Studienabschluss lediglich eine Basis ist, also eine Art Lizenz zum Weiterlernen. So ist die Elektrofachkraft in der Europanorm 50110 definiert als *„eine Person mit geeigneter fachlicher Ausbildung, Kenntnissen und Erfahrung, so dass sie Gefahren erkennen und vermeiden kann, die von der Elektrizität ausgehen können“*. Der Schwerpunkt der aktuellen Definition

– beziehungsweise deren Interpretation – liegt stärker in der beruflichen Praxiserfahrung als in der reinen formalen Ausbildung. Im beschriebenen Fokus auf die Praxiserfahrung liegt aber auch begründet, dass der Status der Elektrofachkraft nicht auf die gesamte Elektrotechnik bezogen werden kann. Es gibt verschiedene Fachbereiche der Elektrotechnik und damit auch verschiedene Fachbereiche einer Elektrofachkraft. So gibt es die Elektrofachkraft für Gebäudeinstallationen nach VDE, es gibt die Elektrofachkraft für Hochvoltsysteme, die Elektrofachkraft für Windkraftanlagen, die Elektrofachkraft für Photovoltaiksysteme und so weiter. Niemand ist Elektrofachkraft für alles. Den Status einer Elektrofachkraft kann man auch verlieren. Insbesondere ist dies dann der Fall, wenn man mehrere Jahre nicht mehr im eigentlichen Fachbereich tätig war und damit nicht mehr am Ball ist. Eine elektrotechnische Ausbildung, oder ein elektrotechnisches Studium, stellt nur die Grundlage dar, reicht jedoch nicht aus, um jemanden als Elektrofachkraft tätig werden zu lassen. Es werden von verschiedenen Anbietern auch Kurse zum „*Erhalt der Fachkunde Elektrofachkraft*“ angeboten. Mehr Informationen hierzu stehen Ihnen auch auf unserer Homepage www.tcs-engineering.de zur Verfügung.

Auch wenn eine Elektrofachkraft, kurz EFK, nur für einen definierten Bereich als Elektrofachkraft gelten kann, ist diese nicht mit dem Begriff der Elektrofachkraft für festgelegte Tätigkeiten, kurz EFKffT, zu verwechseln. Die EFKffT darf zwar auch eigenständig arbeiten. Sie darf elektrotechnische Arbeiten ausführen, einschließlich des Freischaltens und Inbetriebnehmens elektrotechnischer Anlagen oder Betriebsmittel, ohne dass eine EFK die Leitung und Aufsicht übernehmen müsste. Damit gilt die EFKffT bei der Ausführung ihrer Aufgaben als Elektrofachkraft im Sinne der DGUV Vorschrift 3., allerdings mit dem Zusatz *„für festgelegte Tätigkeiten“*, also nur für die Arbeiten, für welche sie eine Arbeitsanweisung, z. B. in Form einer ausführlichen Checkliste, hat und für die Tätigkeiten, für die sie auch bereits eingewiesen ist. Allein eine neue Anlage, welche zwar ähnlich, aber doch anders ist als jene, für welche die EFKffT bereits eingewiesen ist, erfordert eine erneute Einweisung durch Sie als Elektrofachkraft.

Auch sobald während der Arbeit etwas von der Arbeitsanweisung abweicht, heißt es für die EFKffT *„Ende!“* und es muss eine EFK hinzugezogen werden. So darf eine NICHT vorgesehene, also freie Fehlersuche, nur durch eine Elektrofachkraft ausgeführt werden.

Nach § 3 Absatz 1 der DGUV Vorschrift 3 müssen alle elektrotechnischen Arbeiten von einer Elektrofachkraft oder unter Leitung und Aufsicht einer Elektrofachkraft durchgeführt werden. Beispielsweise arbeiten *„Elektrotechnisch unterwiesene Personen*“, kurz EuPs, unter Ihrer Leitung – also mit Ihnen als Elektrofachkraft, unter deren Leitung und Aufsicht Arbeiten durchgeführt werden. Bei der EuP geht man von einer erfolgreichen Qualifizierung aus, wenn sie über die ihr übertragenen Aufgaben im Allgemeinen sowie im Einzelnen und über die möglichen Gefahren bei unsachgemäßem Handeln sowie über die notwendigen Schutzeinrichtungen und Schutzmaßnahmen ausreichend unterwiesen, eingewiesen und gegebenenfalls angelernt wurde. Seminare für elektrotechnisch unterwiesene Personen werden in der Regel ein- oder zweitägig angeboten. Dabei geht es um die grundlegenden Begrifflichkeiten und Gefahrenpotentiale der Elektrotechnik. Achten Sie beim Einsatz von EuPs auch auf eine jeweilige arbeitsplatzbezogene Einweisung beziehungsweise auf eine generelle Arbeitsplatzeinweisung, bevor diese (EuPs) unter Ihrer Leitung und Aufsicht tätig werden.

Leitung und Aufsicht bedeutet nicht, dass Sie als Elektrofachkraft durchgängig hinter der EuP stehen müssen. Die EuP darf auch eigenständig tätig werden. Jedoch müssen Sie als Elektrofachkraft ansprechbar sein. Die EuP darf weder Anlagen oder Betriebsmittel freischalten noch in Betrieb nehmen. Die Arbeitsergebnisse der EuP sind von Ihnen als zuständige Elektrofachkraft zu überprüfen.

Sie können eine EuP beispielsweise eine ganze Anlage nach Schaltplan verdrahten lassen, wenn Sie als arbeitsverantwortliche EFK dieser das zutrauen. Allerdings muss die Anlage zuvor freigeschaltet worden sein und die Arbeit der EuP von Ihnen als Elektrofachkraft vor der Inbetriebnahme kontrolliert und abgesegnet werden. Die EuP gilt hier lediglich als Erfüllungsgehilfe: Die Verantwortung für diese Arbeit tragen Sie, als die Elektrofachkraft.

Die Gesamtverantwortung liegt auch hier stets beim Unternehmer. Neben dem klassischen Model. z. B. einen Elektromeister als Werkstatt- oder Betriebsleiter zu beschäftigen, gibt es zunehmend das Konzept der *„Verantwortlichen Elektrofachkraft“* im Sinne der VDE 1000-10 – besonders in großen Firmen. Wenn der Unternehmer oder die zuständige Geschäftsführung die Gesamtverantwortung im Bereich der Elektrosicherheit nicht übernehmen kann oder will, sei es aus Gründen des fachlichen Hintergrundes oder der Arbeitsprioritäten, kann diese an eine geeignete Person übertragen werden: die sogenannte Verantwortliche Elektrofachkraft, die VEFK. Die von der VEFK übernommenen Unternehmerpflichten sind grundsätzlich, aber nicht abschließend die Aufsichts-, Kontroll-, Organisations-, Fürsorge-, Verkehrssicherungs-, Auswahl- und Dokumentationspflicht, wobei die Verantwortliche Elektrofachkraft seitens der Unternehmensleitung weisungsfrei gestellt ist. Mit der Bestellung der Verantwortlichen Elektrofachkraft wurden Unternehmerpflichten im Bereich der Elektrosicherheit den in der Bestellung definierten Bereich betreffend vom Unternehmer auf die VEFK übertragen. Damit ist die VEFK jedem Mitarbeiter – auch Mitgliedern der Geschäftsleitung – in Sachen Elektrosicherheit weisungsbefugt. Die VEFK ist also die oberste Autorität in der Elektrosicherheit ihres Verantwortungsbereichs und somit autonom.

Wenn Sie mehr über die unterschiedlichen Rollen, insbesondere die der EuP, EFK, EFKffT und besonders die der VEFK und deren Zusammenspiel wissen wollen, empfehle ich Ihnen mein Hörbuch *„Die Verantwortliche Elektrofachkraft: VEFK-Struktur und Betriebliche Elektrosicherheit für Unternehmer, Fach- und Führungskräfte"*. Informationen und Bezugsquellen finden Sie auf den gängigen Hörbuchportalen sowie auf der Homepage *www.tcs-engineering.de*

Elektrotechnische Normen

VDE Normen, Anwendungsregeln und Vornormen

Welche deutsche Elektrotechnikerin, welcher deutsche Elektrotechniker kennt ihn nicht – den VDE! Der *„Verband der Elektrotechnik Elektronik Informationstechnik e. V.“* – kurz VDE – ist ein im Jahr 1893 unter dem Namen *„Verband Deutscher Elektrotechniker“* gegründeter, technisch-wissenschaftlicher Verband in Deutschland. Auch wenn der VDE auch heute noch oft fälschlicherweise in aktueller Literatur gerne als "*Verband Deutscher Elektrotechniker*" bezeichnet wird, 1998 wurde dieser in "*Verband der Elektrotechnik Elektronik Informationstechnik*" umbenannt. Die Aufgabe des VDE ist laut seiner Satzung unter anderem auszugsweise:

- Die Ausarbeitung, Herausgabe und Auslegung des VDE-Vorschriftenwerks
- Die Durchführung des VDE Prüf- und Zertifizierungswesens und
- Die Mitarbeit an der Aufstellung, Herausgabe und Auslegung von Normen für die Elektrotechnik, Elektronik, Informationstechnik und Informatik sowie deren Anwendungen.

Neben den eigentlichen Normen gibt es vom VDE auch die Anwendungsregeln. Die VDE-Anwendungsregeln stellen Handlungsempfehlungen dar. Sie definieren den Stand der Technik sowie ein Grundniveau an Sicherheit. Besonders für neue Technologien und sogenannte dynamische Märkte sind diese interessant, da sie deutlich früher zur Verfügung stehen als die klassischen Normen. Während klassische Normen einen Prozess von oft mehr als einem Jahr durchlaufen, sind Anwendungsregeln oft bereits nach 3 Monaten verfügbar.

Es gibt drei Arten von VDE-Anwendungsregeln:

- VDE-AR-E zählen zum Arbeitsbereich von VDE DKE. DKE steht für *„Deutsche Kommission Elektrotechnik Elektronik Informationstechnik"*. Dies ist die in Deutschland zuständige Organisation für die Erarbeitung von Standards, Normen und Sicherheitsbestimmungen in den Themenfeldern Elektrotechnik, Elektronik und Informationstechnik. Bei den VDE-AR-E handelt sich um VDE-Anwendungsregeln, in welchen Mindestanforderungen der Elektrotechnik festgelegt werden.

- VDE-AR-N sind VDE Anwendungsregeln, in denen VDE und FNN gemeinsam die Mindestanforderungen für Stromnetze festlegen. FNN steht für das *„Forum Netztechnik/Netzbetrieb"* und stellt einen 2008 gegründeten Ausschuss des VDE dar. In den VDE-AR-N werden Kriterien für die Technik und den Betrieb von Stromnetzen definiert. VDE-AR-N dienen somit als technische VDE-Anwendungsregeln dem sicheren Umgang und Betrieb von Übertragungs- und Verteilungsnetzen.
- VDE-AR-M sind VDE-Anwendungsregeln für den Bereich Medizin.

Zusätzlich zu den VDE-Normen und VDE-Anwendungsregeln gibt es die sogenannten Vornormen. Die VDE-Vornormen werden durch *„VDE V"* gekennzeichnet: Sie sind die Ergebnisse von Normungsarbeiten, welche unter Berücksichtigung von europäischen Rahmenbedingungen oder wegen Kollision mit bestehenden VDE-Normen vom VDE nicht als fertige Normen gekennzeichnet werden.

Eine VDE-Vornorm ist erstmalig nach spätestens 3 Jahren, folgend jährlich zu überprüfen, ob sie nicht in eine Norm überführt werden kann. Die Erarbeitungsphase einer Vornorm beträgt im Regelfall zwischen 3 und 6 Monaten.

Normengruppen der VDE

Die Struktur der Normen ist im VDE durch Gruppen kennzeichnend untergliedert. Die VDE Gruppen sind die folgenden:

- Gruppe 0: allgemeine Grundsätze
- Gruppe 1: Energieanlagen
- Gruppe 2: Energieleiter
- Gruppe 3: Isolierstoffe
- Gruppe 4: Messen, Steuern, Prüfen
- Gruppe 5: Maschinen, Umformer
- Gruppe 6: Installationsmaterial, Schaltgeräte
- Gruppe 7: Gebrauchsgeräte, Arbeitsgeräte
- Gruppe 8: Informationstechnik

Je nach Tätigkeitsbereich und Arbeitsumfang sind unterschiedliche Normen und Normengruppen für Sie als Elektrofachkraft wichtig. Dieses Hörbuchskript erhebt nicht den Anspruch, diese auch nur ansatzweise vollständig wiederzugeben.

Womit aber jede Elektrofachkraft grundsätzlich vertraut sein sollte, sind die Schutzmaßnahmen, welche in der VDE 0100 400er-Reihe geregelt sind. Zu nennen sind:

- VDE 0100-410 Schutz gegen elektrischen Schlag
- VDE 0100-420 Schutz gegen thermische Einflüsse
- VDE 0100-430 Schutz von Kabeln und Leitungen bei Überstrom
- VDE 0100-442 Schutz von Niederspannungsanlagen gegen vorübergehende Überspannung und bei Erdschlüssen in Netzen mit höherer Spannung
- VDE 0100-443 Schutz gegen Überspannungen infolge atmosphärischer Einflüsse oder von Schaltvorgängen
- VDE 0100-444 Schutz gegen Überspannungen, Schutz gegen elektromagnetische Einflüsse
- VDE 0100-450 Schutz gegen Unterspannung
- VDE 0100-460 Trennen und Schalten
- VDE 0100-482 Brandschutz bei besonderen Risiken und Gefahren

Insbesondere die VDE 0100-410, VDE 0100-420 und VDE 0100-460 finden in der Fachliteratur viel Beachtung. Diese VDE-Normen sind für den Schutz von Mensch und Tier besonders hervorzuheben.

So gibt es nach VDE 0100-410 vier zulässige Schutzmaßnahmen:

- Schutz durch automatische Abschaltung der Stromversorgung
- Schutz durch Isolierung
- Schutz durch Schutztrennung für die Versorgung eines Verbrauchsmittels
- Schutz durch Kleinspannung (SELV oder PELV)

Von diesen werden Sie an späterer Stelle noch hören.

Eine weitere erwähnenswerte Gruppe innerhalb der VDE 0100 ist die 700er-Gruppe. Sie befasst sich mit dem *„Errichten elektrischer Anlagen in Betriebsstätten, Räumen und Anlagen besonderer Art.*"

Hierzu gehören unter anderem auszugsweise:

- VDE 0100-701: Räume mit Badewanne oder Dusche
- VDE 0100-704: Baustellen

- VDE 0100-705: Elektrische Anlagen von landwirtschaftlichen und gartenbaulichen Betriebsstätten
- VDE 0100-709: Häfen, Marinas und ähnliche Bereiche
- VDE 0100-710: Medizinisch genutzte Bereiche
- VDE 0100-712: Photovoltaik-Stromversorgungssysteme
- VDE 0100-722: Stromversorgung von Elektrofahrzeugen
- VDE 0100-723: Unterrichtsräume mit Experimentiereinrichtungen
- VDE 0100-731: Abgeschlossene elektrische Betriebsstätten

<u>Europäische und internationale Normen</u>

Europäische Normen werden von den europäischen Normungsorganisationen erarbeitet. Dabei werden Experten aus den jeweiligen Mitgliedsländern als Vertreter dieser entsendet. Die Abstimmung erfolgt gemeinsam und demokratisch mit der Bevölkerungszahl entsprechender Stimmgewichtung, wodurch Deutschland eine der höheren Stimmgewichte hat. Die Mitglieder müssen auf nationaler Ebene europäische Normen unverändert in die nationalen Normen überführen und gegebenenfalls entgegenstehende nationale Normen zurückziehen. Dies sorgt für eine hohe Rechtssicherheit eines einheitlichen, europäischen Standards. Europäische Normen werden von einem der drei europäischen Normungsgremien verabschiedet:

- Europäisches Komitee für Normung (Abgekürzt mit CEN)
- Europäisches Komitee für elektrotechnische Normung (Abgekürzt mit CENELEC)
- Europäisches Institut für Telekommunikationsnormen (Abgekürzt mit ETSI)

Auch auf höherer, internationaler Ebene finden Abstimmungsprozesse statt, wodurch es auch in der Elektrotechnik zunehmend harmonisierte VDE-, EN- und IEC-Normen gibt. IEC steht für *„International Electrotechnical Commission"*, welche als Organisation auf internationaler Ebene vergleichbar dem oben erwähnten *„Europäischen Komitee für elektrotechnische Normung"* auf europäischer Ebene tätig ist. Somit kann es Normen geben, welche sowohl eine VDE-, EN- als auch IEC-Nummer haben. *And I think, that's beautiful!*

Netzsysteme

Stromnetzsysteme dienen der Versorgung der Verbraucher mit elektrischer Energie. Die verschiedenen Netzsystemarten stellen dabei unterschiedliche Varianten der Umsetzung von Niederspannungsnetzen dar, die über eine zur rein technischen Funktionalität erforderlichen spannungs- und stromführenden Leitungen hinausgehen. Elektrische Netze werden in der Niederspannung nach verschiedenen Kriterien unterschieden.

Diese sind:

- Stromart, also Wechsel- oder Gleichstrom-system
- Art der aktiven Leiter (z. B. L1, L2 und L3, oder L-Plus und L-Minus)
- Art der Erdverbindung des Systems

Dabei ist die Wahl der Erdverbindung entscheidend. Diese bestimmt maßgeblich die Eigenschaften sowie das sicherheitsrelevante Verhalten des Netzes. Zudem beeinflusst es Aspekte der Nutzung.

Diese wirken sich etwa aus auf:

- Versorgungssicherheit
- Installationsaufwand
- Wartungsaufwand
- Stillstandzeiten der Instandhaltung
- Elektromagnetische Verträglichkeit, kurz EMV

Zur sicherheitstechnischen Beurteilung wird zwischen diversen Netzformen unterschieden. Die Unterschiede bestehen in der Anzahl der aktiven Leiter und Erdungspunkte. Insbesondere Art und Lage der Erdungen sind dabei von zentraler Bedeutung. Die grundsätzlichen Netzformen sind:

- TT-Netz
- TN-Netze, unterteilt in:
    - TN-C-Netz
    - TN-S-Netz
    - TN-C-S-Netz
- IT-Netz

TT-Netzsystem

In TT-Systemen ist ein Punkt direkt geerdet: die Betriebserdung. Die Körper der elektrischen Anlage sind mit Erdern verbunden, die elektrisch vom Erder für die Erdung des Systems unabhängig sind. Das bedeutet, dass es zwischen Anlagenerdung und Versorgungserdung keine Leitungsverbindung gibt. Zulässige Schutzeinrichtungen:

- Überstromschutzeinrichtung
- Fehlerstromschutzeinrichtungen (RCDs)

<u>TN-Netzsysteme</u>

In TN-Systemen ist ein Punkt direkt geerdet; die Körper der elektrischen Anlage sind über Schutzleiter mit diesem Punkt verbunden.

Drei Arten von TN-Systemen sind entsprechend der Anordnung der Neutralleiter und Schutzleiter zu unterscheiden:

- TN-C Netz: Im gesamten System sind die Funktionen der Neutralleiter und Schutzleiter in einem einzigen Leiter kombiniert
- TN-S Netz: Im gesamten System wird ein getrennter Schutzleiter angewendet
- TN-C-S Netz: In einem Teil des Systems sind die Funktionen des Neutralleiters und des Schutzleiters in einem einzigen Leiter kombiniert

IT-Netzsystem

In IT-Systemen sind alle aktiven Leiter von Erde getrennt oder ein Punkt ist über eine Impedanz mit Erde verbunden. Bei einem lsolationsfehler kann deshalb nur ein kleiner, im Wesentlichen durch die Netzableitkapazität verursachter Fehlerstrom fließen. Die vorgeschalteten Sicherungen sprechen nicht an. Die Spannungsversorgung bleibt auch bei einpoligem, direktem Erdschluss erhalten. Die Körper der elektrischen Anlage sind entweder:

- einzeln geerdet oder
- gemeinsam geerdet oder
- gemeinsam mit der Erdung des Systems verbunden

Folgende Schutzeinrichtungen sind bei IT-Netzen zulässig:

- lsowächter bzw. IMD
- Überstromschutzeinrichtungen
- RCD beziehungsweise FI in Einzelstromkreisen

Der große Vorteil des IT-Netzes ist, dass ein einzelner Fehler NICHT zum Abschalten des Systems führt, aber dank des Isowächters frühzeitig erkannt wird.

Ein IT-Netzsystem findet sich beispielsweise:

- Im Operationssaal im Krankenhaus
- Im Triebwagen der Bahn
- Als Explosionsschutz im Bergbau
- Bei sensibler Industrieproduktion
- Bei Photovoltaiksystemen auf Generatorseite
- In angepasster Form im Hochvoltsystem von Elektrofahrzeugen

In Kurzfassung zum IT-Netz:

- Ein erster lsolationsfehler führt nicht zur Abschaltung durch eine Sicherung.
- Ein erster lsolationsfehler führt auch nicht zur Abschaltung durch einen Fehlerstromschutzschalter
- Ein Isowächter ermittelt einen zu geringen lsolationswiderstand
- Ein lsolationsfehler sollte schnellstmöglich beseitigt werden, bevor es zu einem zweiten lsolationsfehler an einem anderen aktiven Leiter kommt, was zum Ausfall des Netzes führen würde

Direktes und Indirektes Berühren

Bevor ich näher auf die Schutzmaßnahmen im Allgemeinen eingehe, lohnt sich eine Betrachtung der Arten des Kontaktes mit spannungsführenden Teilen. An dieser Stelle noch einmal der Hinweis: Solange wir uns im Niederspannungsbereich, also Wechselspannung unter 1000 Volt und Gleichspannung unter 1500 Volt, bewegen, wird die Gefahr durch Körperdurchströmung lediglich bei physischem Kontakt als Gegeben angesehen – also durch Berühren. Dieses Berühren wird unterschieden in sogenanntes *„Direktes Berühren“* und *„Indirektes Berühren“*. Dies wird oft fälschlicherweise jedoch verständlich als Kontakt der Haut mit dem spannungsführenden Teil oder über ein leitendes Element, wie einen Nagel, interpretiert. Dies wäre angesichts der Wortwahl „direkt“ und „indirekt“ zwar naheliegend, ist jedoch falsch.

Vorab eine Definition: *„Direktes Berühren“* ist das Berühren unter Spannung stehender Teile durch Personen oder Nutztiere. *„Indirektes Berühren“* ist das Berühren von infolge eines Fehlers unter Spannung stehenden Teilen oder Körpern elektrischer Betriebsmittel durch Personen oder Nutztieren.

Beim Direkten Berühren entsteht also ein physischer Kontakt zu etwas, was unter Spannung stehen soll und es auch tut. Beim Indirekten Berühren entsteht hingegen ein physischer Kontakt zu etwas, was zwar unter Spannung steht, aber eigentlich gar nicht unter Spannung stehen sollte, sondern dies nur aufgrund eines Fehlers tut.

Um die Gemeinsamkeiten und Unterschiede zu verdeutlichen: Beim Direkten und beim Indirekten Berühren berühre ich oder jemand also etwas, was unter Spannung steht. Beim Direkten Berühren soll das berührte Etwas aber auch unter Spannung stehen, zum Beispiel die Spannungsführende Leitung. Beim Indirekten Berühren sollte das berührte Etwas gerade NICHT unter Spannung stehen, es tut es aber – aufgrund eines Fehlers. So kann es sich hierbei also um das metallene Gehäuse eines elektrischen Betriebsmittels handeln, welches aufgrund eines Isolationsfehlers der innen laufenden Leitungen unter Spannung steht.

Es spielt übrigens keine Rolle, ob ich weiß, dass etwas unter Spannung steht oder nicht, um festzustellen, ob es sich nun um Direktes oder Indirektes Berühren handelt. Wenn ein vierzehn Monate altes Kind mit einem herumliegenden Nagel auf dem Boden der Werkstatt anfängt, in der Steckdose zu pulen und dann den spannungsführenden Kontakt erwischt, handelt es sich um Direktes Berühren – auch wenn das Kind gar nichts von der Spannung bzw. der Gefahr wusste. Auch dass ein Nagel hierfür Verwendung fand spielt keine Rolle, es bleibt ein Direktes Berühren. Ebenso ist es egal, ob das Berühren selbst absichtlich, gedankenverloren oder versehentlich geschah. Direktes Berühren bedeutet, etwas zu berühren, was ganz regulär und ordnungsgemäß unter Spannung steht. Indirektes Berühren bedeutet, etwas zu berühren, was nur, also ausschließlich aufgrund eines Fehlers unter Spannung steht und nicht unter Spannung stehen dürfte. Beide Arten des Berührens sind bei elektrischen Anlagen und Betriebsmitteln nicht nur zu vermeiden, sondern auch zu verhindern.

Nun habe ich aber einen Punkt komplett unterschlagen – und das war die Definition von *„Wer berührt“*, nämlich Personen oder Nutztiere. Personen ist klar: Hierbei handelt es sich um menschliche Wesen jeden Alters und jeden Geschlechts. Bei den Nutztieren sieht das etwas anders aus und je nach Definition findet man hier auch tatsächlich unterschiedliche Bezeichnungen. Hier sind weder Tiere im allgemeinen Sinne gemeint noch Nutztiere im ausschließlichen Sinne eine Nutztierhaltung wie es bei Rindern oder Schafen zu verstehen ist. Es handelt sich um Tiere, die sich regulär im Bereich der elektrischen Anlagen aufhalten sollen. Diese, etwas zugegeben, schwammig formulierte Erklärung hat ihren Hintergrund. Als Anlagenbetreiber ist man verpflichtet, diese gegen Direktes und Indirektes Berühren zu schützen. Umgesetzt und aufrechterhalten wird die Erfüllung dieser Pflicht durch Sie als Elektrofachkraft. Stellen Sie sich vor, Sie sind verantwortlich für eine elektrische Anlage. Diese suchen Sie zu Prüf-, Reparatur- oder Wartungszwecken als Elektrofachkraft auf. Die Anlage ist in ordnungsgemäßem Zustand. Sie schalten die Anlage ab und öffnen diese ordnungsgemäß. Dabei fällt Ihnen eine tote Maus auf, diese ist irgendwie in die Anlage geraten und hat spannungsführende Teile berührt, was zu ihrem Tod führte. So tragisch dies für dieses Tier sein mag, so ist dies nicht grundsätzlich ein Anlagenfehler. Natürlich steht es dem Anlagenbetreiber frei, einen deutlich weitergehenden Schutz zu installieren – und es kann je nach Gegebenheiten auch angebracht oder gar gefordert sein. Aber grundsätzlich ist dies nicht zwingend als Fehler durch Sie oder den Betreiber zu betrachten. Dennoch: Sowohl vor Direktem Berühren als auch bei Indirektem Berühren ist ein geeigneter Schutz zu schaffen. Hierzu gibt es drei Kategorien in den sogenannten Schutzmaßnahmen nach VDE 0100-410.

Schutzmaßnahmen nach VDE 0100-410

Der Schutz vor Direktem und vor Indirektem Berühren wird durch drei verschiedene Varianten der Schutzmaßnahmen umgesetzt. Diese sind unterteilt in die Schutzmaßnahmen Basisschutz, Fehlerschutz und Zusatzschutz.

Unter Basisschutz versteht man den Schutz unter normalen Umständen, es ist der grundlegende Schutz, damit niemand aktive oder unter Spannung stehende Teile berühren kann. Es handelt sich beim Basisschutz also um den Schutz vor Direktem Berühren. Ein klassischer Basisschutz ist etwa die Basisisolierung. Diese verhindert einen elektrischen Schlag. Die Basisisolierung lässt sich nicht entfernen, ohne sie zu zerstören. Bei einem Basisschutz durch Abdeckung oder Umhüllung ist Werkzeug zur Entfernung notwendig, ansonsten würde es sich nicht um einen hinreichenden Basisschutz handeln.

Unter Fehlerschutz versteht man, wie der Name erahnen lässt, den Schutz unter *den* Umständen, in welchen ein Fehler vorliegt aufgrund dessen Komponenten unter Spannung stehen, die gar nicht unter Spannung stehen dürften. Es handelt sich beim Fehlerschutz also um den Schutz bei Indirektem Berühren. Eine der verbreitetsten Fehlerschutzeinrichtungen ist die Überstromschutzeinrichtung, welche zur automatischen Abschaltung im Fehlerfall führt. Die bekanntesten Ausführungen sind Schmelzsicherungen sowie Leitungsschutzschalter. Überstromschutzeinrichtungen – im Englischen „*Over Current Protection*", kurz OCD genannt – müssen definierte Abschaltzeiten erfüllen.

Diese sind bei Wechselspannungen in TN-Systemen:

- Bis 120 Volt binnen 0,8 Sekunden
- Bis 230 Volt binnen 0,4 Sekunden
- Bis 400 Volt binnen 0,2 Sekunden
- Über 400 Volt binnen 0,1 Sekunden

Und bei Wechselspannungen in TT-Systemen:

- Bis 120 Volt binnen 0,3 Sekunden
- Bis 230 Volt binnen 0,2 Sekunden
- Bis 400 Volt binnen 0,07 Sekunden
- Über 400 Volt binnen 0,04 Sekunden

Unter Zusatzschutz versteht man den Schutz, welcher sowohl vor Direktem Berühren als auch bei Indirektem Berühren schützt. Es handelt sich beim Zusatzschutz also um den Schutz für beide Arten des Berührens. Bei Zusatzschutzeinrichtungen handelt es sich um eine zusätzliche Maßnahme, welche im

Regelfall alleine nicht als Schutzmaßnahme den Fehlerschutz ersetzt. Der Zusatzschutz ist durch diese Definition jedoch nicht als grundsätzlich freiwillige Schutzmaßnahme zu betrachten; verschiedene Einrichtungen, die als Zusatzschutz eingestuft sind, werden für diverse Anlagen und Systeme vorgeschrieben.

Die Schutzklassen

Die Schutzklassen sind nach EN 61140 in Verbindung mit einer Symboldefinition nach IEC 60417 festgelegt und haben einen deutlichen Bezug zu den Anforderungen der bereits angesprochenen VDE 0100-410. Die Schutzklassen haben die Aufgabe, Sicherheitsmaßnahmen an elektrischen Betriebsmitteln einzuteilen und zu kennzeichnen. Hier soll die ohnehin unzulässige Klasse Null, welche sich im Prinzip ungekennzeichnet auf den Basisschutz beschränkt, nicht behandelt werden, weswegen man auch gerne von *„den drei Schutzklassen*“ spricht.

<u>Schutzklasse 1: Schutzleiter</u>

Diese ist gekennzeichnet durch das Erdungssymbol im Kreis. Dabei sind alle elektrisch leitfähigen Gehäuseteile des Betriebsmittels mit dem Schutzleiter verbunden. Bei beweglichen Geräten wird dies über den Schutzkontakt sichergestellt. Bei den meisten elektrischen Geräten geschieht dies mittels des Schutzkontaktsteckers.

Schutzklasse 2: Schutz durch doppelte oder verstärkte Isolierung

Diese ist gekennzeichnet durch zwei Quadrate ineinander. Der Schutz durch doppelte oder verstärkte Isolierung wird oft noch als Schutzisolierung bezeichnet. Leitfähige Geräteoberflächen sind bei Betriebsmitteln der Schutzklasse 2 zusätzlich oder verstärkt isoliert. Auch Geräte mit konstruktionsbedingt vollisolierten Gehäuseteilen entsprechen oft Schutzklasse 2.

Schutzklasse 3: Schutz durch Kleinspannung

Diese ist gekennzeichnet durch drei vertikale Linien, vergleichbar mit einer römischen Drei in einer quadratischen Raute. Betriebsmittel der Schutzklasse 3 arbeiten mit Spannungen unterhalb der zulässigen Berührspannungen nach SELV oder PELV. SELV, aus dem Englischen für *„Safety Extra Low Voltage"*, steht für die Sicherheitskleinspannung. Diese bietet aufgrund ihrer geringen Spannungshöhe und der Isolierung gegen Stromkreise höherer Spannung besonderen Schutz gegen einen elektrischen Schlag. Die PELV, aus dem Englischen für *„Protective Extra Low Voltage"*, ist die Funktionskleinspannung mit elektrisch sicherer Trennung. Auch diese bietet Schutz gegen elektrischen Schlag. Die Erdung von

PELV-Stromkreisen ist im Gegensatz zu SELV-Stromkreisen zulässig. Hierbei gelten die grundsätzlichen Spannungsgrenzen von 50 Volt Wechselspannung und 120 Volt Gleichspannung. Je nach Anwendungsbereich können diese jedoch auch nach unten abweichen.

Weitere Schutzeinrichtungen

RCD – Die Fehlerstromschutzeinrichtung

Die Fehlerstromschutzeinrichtung wird heute einheitlich aus dem Englischen übernommen und als RCD für *„Residual Current Device“* bezeichnet. Umgangssprachlich aber auch von Elektrofachkräften und von Lieferanten werden diese oft noch als „FI-Schalter“ bezeichnet, wobei „F“ für Fehler und „I“ für das Formelzeichen des Stromes stehen. Die Grundfunktionsweise unterscheidet sich von den Überstromschutzeinrichtungen. Während reine Überstromschutzeinrichtungen, wie zum Beispiel Leitungsschutzschalter, abschalten, wenn der Strom zu hoch ist, geht es beim Fehlerstromschutzschalter um die Stromdifferenz zwischen den aktiven, regulär stromführenden Leitern. Bei einem zweipoligen RCD würde dieser dann auslösen, wenn der Strom, welcher über die Phase fließt, von dem Strom, welcher über den Neutralleiter sozusagen zurückfließt, zu stark abweicht. Der Standard-RCD für Personenschutz greift ab einem Differenzstrom I △I (Delta-I) von 30 mA. Für Einzelstromkreise werden abhängig von den Anforderungen an den Personenschutz teilweise auch 10 mA -RCDs verwendet. Je nach Anwendung gibt es unterschiedliche Fehlerstromschutzeinrichtungen.

Grundsätzliche Typen von RCDs sind:

- Der RCD Typ AC: Dieser löst bei sinusförmigen Wechselfehlerströmen aus, die plötzlich oder langsam ansteigend auftreten. Der Typ AC ist in Deutschland bereits seit 1985 nicht mehr zulässig.
- Der RCD Typ A: Dieser löst bei sinusförmigen Wechselfehlerströmen und pulsierenden Gleichfehlerströmen aus, die plötzlich oder langsam ansteigend auftreten. Dies ist der am häufigsten verbaute RCD.
- Der RCD Typ A-Plus: Dieser weist die gleichen Eigenschaften auf wie der RCD Typ A löst aber zusätzlich bei niedrigen, glatten Gleichströmen des Immunitätsgrenzwertes von regulär 6 mA aus. Der RCD Typ A-Plus hat damit eine höhere Immunität als der RCD Typ A.
- Der RCD Typ F: Dieser löst bei sinusförmigen Wechselfehlerströmen mit Mischfrequenzen und pulsierenden Gleichfehlerströmen aus, die plötzlich oder langsam ansteigend auftreten.
- Der RCD Typ B: Dieser löst bei sinusförmigen Wechselfehlerströmen und pulsierenden Gleichfehlerströmen und glatten Gleich-

fehlerströmen aus, die plötzlich oder langsam ansteigend auftreten.

- Der RCD Typ B-Plus: Dieser weist die gleichen Eigenschaften wie der RCD Typ B auf, reagiert aber bei Frequenzen von bis zu 20 kHz. Dieser findet also besonders bei Bauteilen und Installationen mit Frequenzumrichtern Anwendung.

Bei gleichzeitiger insbesondere serieller Verwendung mehrerer unterschiedlicher RCDs ist dies im jeweiligen Einzelfall auf Zulässigkeit und mögliche technische Erfordernisse oder Anforderungen zu prüfen.

Folgende Bauformen an RCDs sind üblich:

- RCCB: englische Abkürzung für "*Residual Current operated Circuit-Breaker*". Dies ist der klassische Fehlerstromschutzschalter, welcher als regulärer "*FI*" oft eingebaut ist.
- RCBO: englische Abkürzung für "*Residual current operated Circuit-Breaker with Overcurrent protection*". Dies ist eine Kombination aus einem Fehlerstromschutzschalter und einem Leitungsschutzschalter. Dieser wird oft unter dem Namen „*FI-LS-Schalter*“ angeboten.

- CBR: englische Abkürzung für "*Circuit-Breaker incorporating Residual current protection*". Es handelt sich hierbei um einen Leistungsschalter-Fehlerstromschutz.
- MRCD: englische Abkürzung für „*Modular Residual Current protection Device*". Hierbei handelt es sich um eine modulare Fehlerstromschutzeinheit. MRCDs erfassen Fehlerströme und bewerten diese nach Fehlerstromstärke und Fehlerstromdauer. Bei Überschreiten des Grenzwertes lösen sie über eine externe Abschaltvorrichtung aus. Sie werden vor allen Dingen dann eingesetzt, wenn reguläre Fehlerstromschutzschalter nicht verwendet werden können. Dies kann beispielsweise bei hohen Lasten der Fall sein.
- PRCD: Englische Abkürzung für „*Portable Residual Current Device*" – ortsveränderliche Fehlerstrom-Schutzeinrichtungen, oft auch als Personenschutzschalter bezeichnet. Beispielsweise kann ein PRCD zwischen Verbraucher und Schutzkontaktsteckdose geschaltet werden, ersetzt aber nicht einen gegebenenfalls geforderten RCD in der Installation. Ein bekannter Vertreter ist der

SPE-PRCD, der *„Switched Protective Earth – Portable Residual Current Device“*.

- SRCD: Englische Abkürzung für *„Socket outlet with Residual Current Device“* – dies stellt eine Steckdose mit integriertem RCD dar. Diese Lösung wird gerne verwendet, wenn eine Teilerneuerung eines Installationsbereichs erforderlich oder gewünscht, aber eine reguläre Installation eines RCD nicht möglich ist.

Darüber hinaus gibt es noch den RCM, englische Abkürzung für *„Residual Current Monitor“*. Hierbei handelt es sich, wie der Name vermuten lässt, nicht mehr um einen RCD, sondern lediglich um eine Überwachungseinheit, sozusagen ein Fehlerstromwächter. Am ehesten verwandt ist er zum MRCD, nur dass der RCM keine Abschaltung veranlasst, sondern lediglich den Zustand überwacht.

SPD – Die Überspannungsschutzeinrichtung

Die Überspannungsschutzeinrichtung wird heute – einheitlich aus dem Englischen übernommen – als SPD für *„Surge Protective Device“* bezeichnet.

In der VDE 0100-443 sind die normativen Voraussetzungen und in der VDE 0100-534 die Anforderungen an die Auswahl und Installation von SPDs definiert.

Diese gilt bereits seit Oktober 2016, die Übergangsfrist lief am 14.12.2018 ab. Die Anforderungen der genannten Normen sind also regulär verpflichtend zur VDE-konformen Arbeit umzusetzen. So fordert die VDE 0100-443 Überspannungsschutzeinrichtungen in Form von SPDs bei:

- Anlagen für Sicherheitszwecke zum Schutz des menschlichen Lebens (zum Beispiel in Krankenhäusern)
- Öffentlichen Einrichtungen und Kulturbesitz (zum Beispiel Museen und Theater)
- Gewerbe oder Industriegebäuden (zum Beispiel Hotels, Banken und Industriebetriebe)
- Gebäuden mit Menschenansammlungen (zum Beispiel Büros und Schulen)
- Wohngebäuden und kleinen Büros, wenn in diesen Gebäuden Betriebsmittel der Überspannungskategorie I oder II errichtet sind, wovon grundsätzlich auszugehen ist

Die VDE 0100-534 konkretisiert die Anforderungen an den jeweiligen SPD sowie dessen Installation. So fordert die VDE 0100-534, dass ein Überspannungsschutzgerät so nah wie möglich am Einspeisepunkt der jeweiligen Anlage zu installieren ist.

Zumeist reicht im Niederspannungsbereich ein SPD des Typs 2 aus, welcher vor denjenigen Teilblitzströmen und Schaltüberspannungen schützt, welche über die Versorgungsleitung in die Anlage gelangen können. Der Schutzpegel des jeweils eingesetzten SPD darf die Stoßspannungsfestigkeit der Installation und der angeschlossenen Betriebsmittel nicht überschreiten und muss in jedem Fall zum Schutz der Steuerung unter 1500 Volt liegen, selbst wenn die Stoßspannungsfestigkeit höhere Werte zulassen würde. Zudem müssen SPDs vor den RCDs installiert werden.

Bei Gebäuden und Anlagen mit äußerem Blitzschutz sind blitzstromtragfähige SPDs des Typs 1 zum Blitzschutzpotentialausgleich erforderlich, hier reichen SPDs des Typs 2 nicht aus. Aber Achtung: Dies ersetzt nicht die normativen Anforderungen an den Blitzschutz, hierzu ist separat die VDE 0185-305 zu beachten. Je nach den örtlichen Gegebenheiten der Gesamtanlage können weitere SPDs des Typ 2 oder Typ 3 erforderlich sein. Dies ist insbesondere bei Unterverteilungen und bei Verbrauchern gegeben, welche sich nicht mehr im direkten Wirkungsbereich des vorherigen SPDs Typ 1 oder Typ 2 befinden. Dieser Schutzbereich gilt bis 10 m Leitungslänge ab eingebautem SPD, da mit zunehmender Entfernung zwischen SPD und Betriebsmitteln die Schutzwirkung abnimmt. Maßgeblich ist nicht die räumliche Entfernung, sondern ausschließlich die effektive Leitungslänge.

Die beiden Normen VDE 0100-443 sowie VDE 0100-534 enthalten keine Verpflichtung zur Änderung bestehender Anlagen. Allerdings müssen erneuerte oder erweiterte Anlagen grundsätzlich nach dem aktuellen Normenstand errichtet werden. Auch hier gilt somit zwar eine Nichtumrüstpflicht, allerdings kein Bestandsschutz.

AFDD – Die Fehlerlichtbogenschutzeinrichtung

Die Fehlerlichtbogenschutzeinrichtung, oft auch als Brandschutzschalter bezeichnet, wird heute einheitlich aus dem Englischen übernommen als AFDD für „*Arc Fault Detection Device*“ bezeichnet. AFDDs analysieren sowohl Strom- als auch Spannungsverlauf mit Hilfe digitaler Signalverarbeitung. Sie unterbrechen den Stromkreis bei für Schwellichtbögen charakteristischen Signaturen. Grundsätzlich ist zwischen *„Seriellen Fehlerlichtbögen“* und *„Parallelen Fehlerlichtbögen“* zu unterscheiden. Dabei entstehen *„Serielle Fehlerlichtbögen“* zumeist in Kabelunterbrechungen oder defekten beziehungsweise losen Kontakten. Parallele Fehlerlichtbögen treten zwischen unterschiedlichen Leitern oder von Leiter gegen Erde auf.

Die VDE 0100-420 empfiehlt AFDDs für:

- Räume oder Orte mit Schlafgelegenheit (zum Beispiel Kinderzimmer, Pflegeheime, Hotels)
- Räume oder Orte mit besonderem Brandrisiko nach Musterbauordnung (zum Beispiel feuergefährdete Betriebsstätten)
- Räume oder Orte aus Bauteilen mit brennbaren Baustoffen (konkret Baustoffen mit geringerem Feuerwiderstand als feuerhemmend)
- Räume oder Orte mit Gefährdung von unersetzbaren Gütern (zum Beispiel Museen, Nationaldenkmäler, Flughäfen oder Archive)

Fehlerlichtbögen können Brände zur Folge haben, weswegen die Fehlerlichtbogenschutzeinrichtung in Form eines eingebauten AFDD umgangssprachlich auch als Brandschutzschalter bezeichnet wird. Hauptursachen für Fehlerlichtbögen sind:

- Geknickte oder gebrochene Leitungen
- Angebohrte Kabel und Leitungen
- Schlechte Kontaktierung oder Klemmstellen
- Isolationsfehler
- Bissschäden an Leitungen
- Nutzungsverschleiß

IMD – Der Isowächter

Der Isolationswächter, oft kurz als Isowächter, manchmal auch als Isolationsüberwachungsgerät bezeichnet, wird heute, einheitlich aus dem Englischen übernommen, als IMD für „*Insulation Monitoring Device*“ bezeichnet.

Für IT-Systeme, in denen die leitende Verbindung eines Außenleiters zur Erde prinzipiell nicht zu einem geschlossenen Stromkreis führen darf, sind Isolationsüberwachungsgeräte vorgeschrieben, welche kontinuierlich beziehungsweise kurzzeitintervallperiodisch den Isolationswiderstand überwachen. Der Isolationswiderstand ist der gemessene ohmsche Widerstand zwischen elektrischen Leitern gegenüber der Erdung oder in anderen Fällen auch untereinander. Idealerweise wäre dieser Widerstand unendlich hoch, was allerdings in der Praxis unrealistisch ist. Je nach Anwendungsgebiet unterscheiden sich die Mindestwerte von Isolationswiderständen, sie werden aufgrund ihrer Größe in Megaohm angegeben. Die Anforderungen an IMDs sind international einheitlich in der IEC 61557-8 beziehungsweise EN 61557-8 *„Elektrische Sicherheit in Niederspannungsnetzen bis AC 1000 V und DC 1500 V – Geräte zum Prüfen, Messen oder Überwachen von Schutzmaßnahmen: Isolationsüberwachungsgeräte für IT-Systeme"* definiert. Die *„Einrichtungen zur Isolationsfehlersuche in IT-Systemen"* werden in der IEC EN 61557-9 beschrieben.

IMDs müssen demnach nicht nur Isolationsfehler erkennen, sondern auch sowohl symmetrische als auch unsymmetrische Isolationsfehlerverschlechterungen erkennen und überwachen. Eine symmetrische Isolationsverschlechterung bedeutet, dass sich der Isolationswiderstand aller überwachten Leiter gleichermaßen nach unten verändert. Eine unsymmetrische Isolationsverschlechterung bedeutet, dass sich der Isolationswiderstand eines überwachten Leiters deutlich anders verändert als der Isolationswiderstand der anderen überwachten Leiter.

Schutzarten nach EN 60529: Der IP-Code

Die Schutzart gibt die Eignung elektrischer Betriebsmittel für unterschiedlich definierte Umgebungsbedingungen z. B. als den Schutz eines Gehäuses oder einer elektrischen Kupplung gegen Eindringen fremder Gegenstände und Wasser an. Dies beinhaltet auch die Angabe über den Schutz von Personen gegen potentielle Gefährdung. Diese Schutzart wird sowohl nach EN 60529 als auch nach der IEC 60529 beziehungsweise VDE 0470 als IP-Code bezeichnet. IP steht für *„International Protection*“. Im englischsprachigen Raum wird IP teilweise mit *„Ingress Protection*“ – also dem *„Schutz gegen Eindringen*“ – angegeben.

Der Code definiert standardisierte Schutzniveaus gegen:

- das direkte Berühren (also den Basisschutz),
- das Eindringen von Fremdkörpern,
- das Eindringen von Wasser.

Die erste Kennziffer nach dem IP gibt den Schutz gegen eindringende Fremdkörper und die zweite Kennziffer nach dem IP gibt den Schutz gegen eindringendes Wasser an.

Die erste Kennziffer hat jeweils folgende Bedeutung:

- Ziffer 0: kein Schutz
- Ziffer 1: geschützt gegen feste Fremdkörper mit Durchmesser größer als 50 Millimeter und damit geschützt gegen Zugang mit dem Handrücken
- Ziffer 2: geschützt gegen feste Fremdkörper mit Durchmesser größer als 12,5 Millimeter und damit geschützt gegen Zugang mit einem Finger
- Ziffer 3: geschützt gegen feste Fremdkörper mit Durchmesser größer als 2,5 Millimeter und damit geschützt gegen Zugang mit einem Werkzeug
- Ziffer 4: geschützt gegen feste Fremdkörper mit Durchmesser größer als 1 Millimeter und damit geschützt gegen Zugang mit einem Draht
- Ziffer 5: geschützt gegen Staub in schädigender Menge und damit vollständig gegen Berührung geschützt
- Ziffer 6: staubdicht und damit vollständig gegen Berührung geschützt

Die zweite Kennziffer hat jeweils folgende Bedeutung:

- Ziffer 0: kein Schutz
- Ziffer 1: Schutz gegen Tropfwasser
- Ziffer 2: Schutz gegen fallendes Tropfwasser, wenn das Gehäuse bis zu 15 Grad geneigt ist
- Ziffer 3: Schutz gegen fallendes Sprühwasser bis 60° gegen die Senkrechte
- Ziffer 4: Schutz gegen allseitiges Spritzwasser
- Kennziffer 5: Schutz gegen Strahlwasser (Düse) aus beliebigem Winkel
- Ziffer 6: Schutz gegen starkes Strahlwasser
- Ziffer 7: Schutz gegen zeitweiliges Untertauchen
- Ziffer 8: Schutz gegen dauerndes Untertauchen
- Ziffer 9: Schutz gegen Wasser bei Hochdruck- oder Dampfstrahlreinigung

So gibt es Standardcodes wie beispielsweise *„IP 44“* für draht- und spritzwassergeschützte Bauteile oder *„IP 67“* für staubgeschützte Bauteile, welche zusätzlich gegen zeitweiliges Untertauchen geschützt sind. Oft finden sich auch Codierungen, die ein *„X“* anstelle einer Ziffer aufweisen, beispielsweise *„IP 2X“* oder *„IP X7“*. Das *„X“* kennzeichnet sozusagen eine Definitionslücke, eine

Kennzeichnung für *„Hierfür gibt es keine Angabe.“* *„IP 2X“* ist also zwar gegen Objekte größer als 12,5 Millimeter und damit gegen den Zugang durch Finger geschützt, es gibt aber keine Angabe zum Schutz gegen Eindringen durch Wasser. Das heißt nicht, dass Wasser immer eindringen kann, es heißt lediglich, dass man sich bei der Prüfung nicht damit befasst hat und daher keine Aussage hierzu treffen kann oder möchte. Ebenso bedeutet *„IP X7“* nicht, dass es gar keinen Berührschutz gibt. Es wird aber eindeutig lediglich eine Aussage *„zum Schutz gegen Wasser“* als Schutz gegen zeitweiliges Untertauchen gemacht!

Hinweis der Vollständigkeit zuliebe: Es gibt noch eine weitere Norm, die ISO 20653, welche den IP-Code für Straßenfahrzeuge definiert, wonach Angaben wie "*IP 6k9k*" – ähnlich aber nicht komplett identisch mit "*IP 69*" – vorgesehen sind. Wenn man aber einen bestimmten IP-Code liest, gibt es zwar möglicherweise eine Zuordnung zu einer der genannten Normen, jedoch keine Verwechslungsgefahr. Direkt nach den Ziffern an dritter Stelle nach „I P“ kann ein zusätzlicher Buchstabe den Grad des Schutzes von Personen anzeigen.

Die zusätzlichen Buchstaben zur Kennzeichnung an dritter Stelle sind:

- Buchstabe A: Handrückenschutz
- Buchstabe B: Fingerschutz
- Buchstabe C: Werkzeugschutz
- Buchstabe D: Drahtschutz

Beispiele für die Verwendung der Zusatzbuchstaben sind Schutzangaben mit „IP 6 7 A“ oder „IP X X B“.

Zudem kann nach dem zusätzlichen Buchstaben an vierter Stelle nach „I P“ ein sogenannter ergänzender Buchstabe als Betriebsmittel-schutzangabe angegeben werden.

Die ergänzenden Buchstaben zur Kennzeichnung an vierter Stelle sind:

- Buchstabe H: Hochspannungsbetriebsmittel
- Buchstabe M: wassergeprüft, wenn bewegliche Teile in Betrieb sind
- Buchstabe S: wassergeprüft, wenn bewegliche Teile im Stillstand sind
- Buchstabe W: geprüft bei festgelegten Wetterbedingungen

Ein Beispiel für die Verwendung des ergänzenden Buchstabens ist die Schutzangabe mit *„IP 6 7 A H“*.

Kabel- und Leitungsverlegung

Umgangssprachlich wird kaum ein Unterschied zwischen Kabel und Leitung gemacht, teilweise auch von Elektrofachkräften nicht. Dennoch gibt es eine Unterscheidung. Im Allgemeinen sind Kabel solche Leitungen, die unterirdisch im oder am Meeresboden verlegt werden. Vom Grundaufbau her sind Kabel so konzipiert, um intensiveren Umwelteinflüssen standzuhalten. Damit sind Kabel zwar eine Teilmenge von Leitungen, dennoch werden diese zu Zwecken der Unterscheidung separat betrachtet. Sowohl Kabel als auch Leitungen dienen der konduktiven – also leitungsgebundenen und damit nicht induktiven – Übertragung elektrischer Energie oder elektrischer Signale.

Sowohl Kabel als auch Leitungen können sowohl ein- als auch mehradrig sein. Dennoch ist es durchaus möglich, auch Leitungen zu verkabeln – auch wenn die meisten Elektrofachkräfte lieber vom Verdrahten sprechen. Ob Leitung oder Kabel: Die Anforderungen sind sehr vielfältig. Sie müssen grundsätzlich so ausgewählt werden, dass sie den auftretenden Spannungen und Strömen in allen vorgesehenen und denkbaren Betriebszuständen unter Berücksichtigung des Gleichzeitigkeitsfaktors von 100 Prozent genügen. Sie müssen so konzipiert, installiert, zusätzlich geschützt und verwendet werden, dass weder die Kabel und Leitungen geschädigt werden noch von Ihnen eine nennenswerte Gefahr ausgeht.

Dabei sind grundlegende Fragen wie nach dem *wie* und *wo* der Installation zu stellen. Aufputz, Unterputz, im Elektroinstallationsrohr, im Installationskanal, im Hohlraum, im Mauerwerk, im Beton: All das spielt eine wichtige Rolle. Grundsätzlich unzulässig ist zum Beispiel eine Installation an oder in Schornsteinen oder innerhalb von Metallprofilen. Aber auch an anderen Verlege- oder Installationsorten muss sichergestellt sein, dass die Leitungen thermisch nicht überlastet oder übermäßig beeinträchtigt werden. So gibt es für bestimmte Leitungen auch Produktnormen, wie etwa die EN 50618 oder IEC 62930 für Leitungen für Photovoltaiksysteme. Dies kann auch schlichte Verlegevorgaben betreffen. Beispielsweise sind DC-Leitungen von Photovoltaikgeneratoren stets gemeinsam als Hin- und Rückleitungen zu verlegen, um Induktionsschleifen zu vermeiden. Ebenso sind erforderliche Abstände zu berücksichtigen, besonders Abstände zu Rohrleitungen, Blitzschutzeinrichtungen, Daten- und Fernmeldeleitungen oder auch zu Gefahrenbereichen – nicht nur, aber auch wegen den thermischen Auswirkungen elektrischer Leitungen.

Gerade in Hinblick auf die Belastung ist natürlich der Aderquerschnitt relevant, jedoch ist ein Aderquerschnitt alleingenommen kein hinreichender Aspekt zur Belastbarkeit, vielmehr muss hierzu auch die jeweilige Leitungslänge berücksichtigt werden. Hierzu gibt es für die unterschiedlichen Anwendungsbereich zahlreiche Tabellen und Berechnungen. Hierbei ist beispielsweise die VDE 0298-4 „*Verwendung von Kabeln und isolierten Leitungen für Starkstromanlagen – Empfohlene Werte für die Strombelastbarkeit von Kabeln und Leitungen für feste Verlegung in und an Gebäuden und von flexiblen Leitungen*" hilfreich.

Kennzeichnungen von Leitungen sind zwar genormt, unterliegen jedoch auch einer Entwicklung im Rahmen zunehmender Harmonisierung.

Faktoren der Kennzeichnung sind in der Regel:

- Adernzahl
- Aufbau
- Bestimmung
- Bewehrung
- Isolierung
- Isolierwerkstoff
- Leiterausführung
- Leiterform
- Leitermaterial

- Leiterquerschnitt
- Leiterwerkstoff
- Mantelung
- Mantelwerkstoff
- Norm
- Schirmquerschnitt
- Schirmung
- Schutzhülle
- Schutzleiterausführung
- Spannungsangaben
- Umhüllung

Das Thema Kabel und Leitungen kann – so wie alle behandelten Themen – im Endeffekt lediglich nur angeschnitten werden. Dennoch soll an dieser Stelle explizit erwähnt werden, dass der Umfang dieses Themas enorm ist. Jede Elektrofachkraft muss sich dessen bewusst sein, im eigenen Arbeitsbereich damit konfrontiert zu werden und dies ernst zu nehmen. Die falsche Auswahl von Leitungen oder Kabeln kann zu Bränden, elektrischen Schlägen oder großen Haftungsfragen führen. Daher sind einschlägige Bestimmungen wie beispielsweise in der VDE 0100-520 *„Auswahl und Errichtung elektrischer Betriebsmittel – Kabel- und Leitungsanlagen*“ stets zu berücksichtigen.

Prüfungen elektrischer Anlagen und Betriebsmittel nach § 5 DGUV Vorschrift 3

Alle elektrischen Anlagen und Betriebsmittel müssen vor Inbetriebnahme und in regelmäßigen Intervallen auf ihren ordnungsgemäßen Zustand geprüft werden. Dies gilt sowohl in der Geräteprüfung als auch in der Prüfung elektrischer Anlagen. Gerade bei der Geräteprüfung werden gerne auch *„Elektrotechnisch unterwiesene Personen"* unter Leitung und Aufsicht einer Elektrofachkraft eingesetzt. Besonders die wiederkehrende Prüfung wird dabei neben den Sicherheitsunterweisungen als wichtiges Standbein zur Erfüllung unternehmerischer Pflichten der Betriebssicherheit gesehen.

Die wichtigsten hierbei zu beachtenden Normen sind:

- VDE 0100-600: *„Errichten von Niederspannungsanlagen – Prüfungen"*
- VDE 0105-100: *„Betrieb von elektrischen Anlagen – Allgemeine Festlegungen"*
- VDE 0701: *„Allgemeines Verfahren zur Überprüfung der Wirksamkeit der Schutzmaßnahmen von Elektrogeräten nach der Reparatur"*

- VDE 0702: *„Wiederholungsprüfung für elektrische Geräte“*
- VDE 0113-1: *„Sicherheit von Maschinen – Elektrische Ausrüstung von Maschinen“*
- EN IEC 60079: *„Explosionsgefährdete Bereiche“* – insbesondere Teil 10: *„Einteilung der Bereiche“*, Teil 17: *„Prüfung und Instandhaltung elektrischer Anlagen“* und Teil 19: *„Gerätereparatur, Überholung und Regenerierung“*

Bitte seien Sie sich dessen bewusst, dass es nicht "die eine Prüfung" für alle Anlagen als komplett einheitliches Standardprotokoll gibt und auch nicht geben kann. Sie müssen die Besonderheiten der jeweiligen Anlagen berücksichtigen, beispielsweise entsprechend der VDE 0100 700er-Gruppe "*Errichten elektrischer Anlagen in Betriebsstätten, Räumen und Anlagen besonderer Art*", aber auch solche Anforderungen wie jene des sekundären Explosionsschutzes, also der Maßnahmen zur Verhinderung einer Entzündung gefährlicher, explosionsgefährdeter Atmosphären. Ebenso ist zunehmend auf das Thema der Oberschwingungen und auf weitere Aspekte *„Elektromagnetischer Verträglichkeit“* im Sinne der EN IEC 61000 zu achten.

Die zentralen Ziele der wiederkehrenden Prüfungen sind präventiv und umfassen:

- Die Sicherheit von Personen – insbesondere die Aufrechterhaltung des wirksamen Schutzes.
- Den Schutz gegen Sachschäden – insbesondere mögliche Schäden durch Brände
- Den Ausfallschutz – insbesondere die reibungslose Gewährleistung eines ungestörten und sicheren Anlagenbetriebes

Da das Thema der Anlagen- und Geräteprüfung einen sehr hohen Stellenwert in Sachen Sicherheit und Arbeitsschutz hat, wird dieser von den Berufsgenossenschaften auch entsprechend gewertet. So werden hierzu auch kostenfreie Publikationen zur Verfügung gestellt. Die folgenden berufsgenossenschaftlichen Informationen zum Thema sollten bekannt sein:

- DGUV Information 203-070: *„Wiederkehrende Prüfungen ortsveränderlicher elektrischer Arbeitsmittel"*
- DGUV Information 203-071: *„Wiederkehrende Prüfungen elektrischer Anlagen und Betriebsmittel"*

- DGUV Information 203-072: „*Wiederkehrende Prüfungen elektrischer Anlagen und ortsfester Betriebsmittel*“

Mehr Informationen hierzu biete ich Ihnen auch auf unserer Homepage www.tcs-engineering.de

Mittelspannung, Hochspannung und Höchstspannung

Mindestens einige Grundbegriffe aus Spannungsbereichen oberhalb 1000 Volt Wechsel- und 1500 Volt Gleichspannung sollten allen Elektrofachkräften geläufig sein. Der Begriff „Hochspannung“ wird von der VDE 0105-100 aufgegriffen und schließt die Spannungsebenen Mittelspannung und Höchstspannung mit ein. Gerade unter Mittelspannung wird häufig eine unterschiedliche Obergrenze verstanden, wodurch in der klassischen Abstufung von Kleinspannung, Niederspannung, Mittelspannung, Hochspannung und Höchstspannung die eigentliche Hochspannung je nach Angabe bereits ab 30 Kilovolt oder erst ab 60 Kilovolt beginnt. Daher ist die Angabe über die Spannungsobergrenze, gerade wenn es um Mittelspannung geht, interessant. Während man also bei Angaben zur Niederspannung nicht zwingend in der Kommunikation unter Elektrofachkräften die Obergrenzen von 1000 Volt AC und 1500 Volt DC nennen muss, da diese einheitlich sind, ist es hingegen bei Mittelspannungen durchaus klarer, diese zu benennen. So spricht man beispielweise von der „*Mittelspannung bis 36 kV*“, um deutlich zu machen, dass es sich um Spannungen oberhalb der

Niederspannung handelt, welche bis 36 Kilovolt gehen können. Besonders wenn es um Leistungsschalter, Trennschalter, Prüf- und Messgeräte etc. im Mittelspannungsbereich geht, muss stets die Spannungsebene genauer angegeben beziehungsweise ausgewählt werden.

Als generell akzeptierten Konsens lässt sich sicherlich festhalten, dass Spannungen oberhalb der Niederspannung bis 30 Kilovolt so ziemlich überall als Mittelspannung gelten und Spannungen oberhalb von 60 Kilovolt als Hochspannung. Allgemein gelten im Rahmen der Hochspannungsgruppe damit beispielsweise 24 kV-Systeme als Mittelspannung, 110 kV-Leitungen als Hochspannung und 380 kV- sowie 400 kV-Trassen als Höchstspannung. Der Begriff der Ultrahochspannung umfasst eine Spannungsebene bis 1200 Kilovolt, wird allerdings in Europa nicht verwendet. Als Anmerkung: Bitte verwechseln Sie als Elektrofachkraft nicht den Begriff der „*Hochspannung*“ mit dem Begriff „*Hochvolt*“, welcher einen Spannungsbereich auf Niederspannungsebene in der Fahrzeugtechnik der E-Mobilität beschreibt.

Die Frage der Sicherheit muss ab Mittelspannung auch neu gestellt werden. Denn bei Spannungen ab Mittelspannungsebene kann es auch ohne leitendes Berühren spannungsführender Teile zu schweren Vorfällen kommen, da bei hohen elektrischen

Feldstärken, wie sie von solch hohen Spannungen erzeugt werden, bereits bei Annäherungen ein Lichtbogen entstehen kann. Daher sind gerade für das Arbeiten in der Nähe von unter Spannung stehender Teile unterschiedliche Zonen wie die Annäherungszone im Sinne des § 7 DGUV Vorschrift 3 nach VDE 0105-100 definiert. Weitere wichtige Normen für die Mittelspannung sind beispielsweise die VDE 0101: *„Starkstromanlagen mit Nennwechselspannungen über 1 kV“* oder die VDE 0671: *„Hochspannungs-Schaltgeräte und -Schaltanlagen“*.

Gefahren des elektrischen Stromes

Berlin am Abend des 4. Novembers im Jahr 1879. Im Neubau des Reichstages findet eine Vorführung der neuen elektrischen Beleuchtung statt. Zur näheren Betrachtung dieser faszinierenden Installation wurde vom vorführenden Mitarbeiter eine Laterne an einer Aufziehvorrichtung heruntergelassen. In übermütigem Demonstrieren berührte der Mitarbeiter versehentliche die zwei zueinander unter Spannung stehenden Pole der Lampenfassung, erlitt einen elektrischen Schlag und fiel bewusstlos zu Boden. Einer der Anwesenden konnte mit aufgeschnapptem Teilwissen um die sogenannte Erdung glänzen, woraufhin es den Anwesenden als sinnvolle Maßnahme erschien, den Verunfallten zu Erden, um den Strom wieder aus seinem Körper herausgleiten zu lassen. Daraufhin wurde der Verunfallte in den Außenbereich gebracht wo man seine Hände gewissenhaft in die Erde steckte, um so die Heilung herbeizuführen. Tatsächlich erholte sich der Reichstagsmitarbeiter nach einiger Zeit. Der Behandlungserfolg erfreute die Anwesenden.

Die Behandlungsmethoden haben sich seither signifikant weiterentwickelt. Das Verständnis des Themas und der Schutz von Benutzern und

Fachkräften ebenso. Mit merklichen Erfolgen; Im Jahr 1970 wurden noch 256 Stromunfalltote in Deutschland verzeichnet, Fünfzig Jahre später sind es jährlich etwa 40 Tote. Die Gefahren der Elektrizität werden unterschieden in:

- Die Gefahr durch Körperdurchströmung
- Die Gefahr durch Lichtbögen
- Die Gefahr durch elektromagnetische Felder
- Die Gefahr durch Sekundärwirkung

Hierzu sei vorab eines erwähnt: Auch wenn wir in Sicherheitsunterweisungen und Schulungen auf den Tod als *Worst Case* eines Unfalls hingewiesen werden, muss jedem Menschen, welcher mit Elektrizität arbeitet, klar sein: Es gibt leider sehr viel zwischen *„Autsch, das tat kurz weh“* und *„Schalter an, Mensch nun tot.“* Nicht nur, aber gerade auch durch Sekundärverletzungen beinhalten Stromunfälle die volle Bandbreite möglicher gesundheitlicher Folgen, die auch zu den schwersten Einschränkungen an Fähigkeiten und Lebensqualität führen können. Bei höheren Spannungen, insbesondere Mittel- und Hochspannungsleitungen, kommt noch die Gefahr der Schrittspannung hinzu, welche etwa bei Erdschlüssen im unmittelbaren Bereich des Stromflusses zur Erde auftreten können.

Unabhängig davon, wie schwer oder von welcher Art die Folgen eines elektrischen Unfalls sind, das Problem der elektrischen Gefahren ist: Man sieht sie nicht, man hört sie nicht, man riecht sie nicht und sobald man sie fühlt, ist es zu spät! Das unterscheidet sie gerade auch in der Arbeit von Elektrofachkräften von mechanischen Gefahren! Einem laufenden Fräskopf im Vorschub sieht man auch ohne jegliche Fachkenntnisse direkt an, welch semi-intelligente Idee es wäre, in diesen zu greifen. Bei elektrischen Gefahren ist das leider anders. Und ob wir wollen oder nicht, wir Menschen lernen jeden Tag und festigen unsere Erfahrungen und unser Verständnis der Welt durch die Erfahrungen, die wir bewusst wie unbewusst machen. Und dazu gehört auch die tägliche, schlichte Erfahrung „*Wenn ich das hier anfasse, ist alles in Ordnung.*" Die Bedingung „*Nur wenn das System freigeschaltet ist*" ist nicht Teil dieser Erfahrung. Daher ist gerade im elektrotechnischen Kontext die kontinuierliche Sensibilisierung essentiell lebenswichtig für Elektrofachkräfte, Verantwortliche Elektrofachkräfte und alle Personen, die von ihren Handlungen oder Unterlassungen betroffen sind!

Gefahr durch Körperdurchströmung

Gerade im Niederspannungsbereich wird die Gefahr des Stromflusses durch den menschlichen Körper – genannt Körperdurchströmung – oft als erste Gefahr gesehen, auch wenn es nicht die einzig lebensgefährliche ist. Strom selbst nehmen wir Menschen erst ab etwa einem halben Milliamper Wechselstrom oder ab ein bis zwei Milliamper Gleichstrom wahr. Man spricht auch von der sogenannten Wahrnehmbarkeitsschwelle. Je stärker der Strom wird, umso schmerzhafter wird die Körperdurchströmung. Ab der sogenannten Loslassschwelle krampfen die Muskeln so stark, dass es dem Betroffenen beispielsweise nicht mehr möglich ist, den Griff zu lösen, wodurch man spannungsführende Teile weiterhin festhält. Richtig lebensgefährlich wird es ab der Flimmerschwelle. Dabei ist der Strom durch den Körper so hoch, dass ein Herzkammerflimmern wahrscheinlich wird. Bei Wechselspannung geht man im Allgemeinen davon aus, dass auch bei einer Stromflussdauer von mehreren Sekunden ein Stromfluss von bis zu 30 mA noch nicht zum Herzkammerflimmern führt. 50 mA Wechselstrom können aber bereits klar tödlich sein. Die Schwellen hängen dabei auch von der Einwirkdauer ab, insgesamt liegen sie bei Gleichstrom jedoch deutlich höher als bei Wechselstrom. Daher sind auch die zulässigen

Berührspannungen für Gleichspannung deutlich höher als bei Wechselspannung, da insbesondere für Verkrampfungen und für die klar lebensbedrohliche Gefahr für das Herz eines Kammerflimmerns der Wechselstrom deutlich gefährlicher ist als der Gleichstrom und man daher davon ausgeht, dass der Mensch eher höhere Gleichspannungen aushält als Wechselspannungen. Man darf deswegen aber nicht glauben, dass Gleichspannung deswegen immer und in allen Fällen harmloser sei als Wechselspannung. Was Verkrampfung und Herzkammerflimmern angeht, ist das aber so. Es sind natürlich eine ganze Reihe an Umständen, welche die Schwere eines Stromunfalls beeinflussen. So sind Faktoren für die Intensität eines Stromunfalls im Fall der Körperdurchströmung vorwiegend:

- Die anliegende Berührspannung
- Die Art des Stromes – also Gleichstrom oder Wechselstrom beziehungsweise Mischstrom
- Die Frequenz bei Wechselstrom beziehungsweise bei pulsierendem Gleichstrom
- Der Gesundheitszustand und das Alter des Betreffenden
- Die Art und Lage gegebenenfalls vorhandener medizinischer Implantate

- Der Stromweg durch den Körper – zum Beispiel von Hand zu Hand oder von Hand zu Fuß und so weiter
- Die Wirkungsdauer des elektrischen Stroms
- Die Größe der stromführenden Berührungsflächen
- Die Leitfähigkeit an der Kontaktstelle
- Oder, sofern gegeben, die Schrittspannung

Gefahr durch Lichtbögen

Ein Lichtbogen, oder konkreter: ein unerwünschter Lichtbogen in elektrischen Anlagen, auch Störlichtbogen genannt, stellt eine immense Gefahrenquelle dar und kann zu schwersten Verletzungen führen. Dieser Störlichtbogen entsteht bei ausreichend hoher elektrischer Spannung sowie entsprechend hoher Stromdichte. Dabei entsteht ein sehr heißes, ionisiertes Gas, das Plasma. Das ionisierte Gas ist stark leitfähig, was dem Plasma seine elektrische Eigenschaft erhält. Aufgrund der hohen Temperatur in Verbindung mit der starken, elektrischen Energieentladung entsteht eine intensive Strahlung, die von infrarot bis ultraviolett reicht und mit einer Druckwelle einhergeht, welche einen lauten Knall bilden kann. Hierdurch kann es zu einer Vielzahl gesundheitlicher Schädigungen kommen.

Hierzu gehören:

- Schwere Verbrennungen durch Plasma oder thermische Strahlung
- Verblitzen der Augen durch UV-Strahlung
- Innere Verbrennungen und Vergiftungen durch Einatmen von Metalldämpfen
- Gehörschäden durch den Knall

Störlichtbögen sollten also mindestens so sehr vermieden werden wie die Körperdurchströmung. Lichtbögen können primär entstehen:

- Bei Trennen stromdurchflossener Leiter
- Bei Verbinden unter Spannung stehender Leiter oder Teile
- Bei Isolationsfehlern

Gerade Gleichstromstörlichtbögen werden als eine größere Gefahr betrachtet, da sie in Ermangelung eines Stromnulldurchlaufes stabiler sind und nicht so leicht abreißen. Die Gefahren der Störlichtbögen werden auch in der DGUV Information 203-077 beschrieben. An dieser Stelle auch ein Hinweis zu persönlicher Schutzausrüstung: Diese kann lebensrettend sein! Lichtbogenschutzkleidung nach IEC EN 61482 der Klasse 1 muss einem Lichtbogenprüfstrom von 4 kA 500 ms lang standhalten, Lichtbogenschutzkleidung nach IEC EN 61482 der Klasse 2 muss sogar einem Lichtbogenprüfstrom von 7 kA 500 ms lang standhalten können. Eine halbe Sekunde erscheint natürlich nicht allzu lange. Und es ist damit auch klar, dass diese Schutzkleidung nicht dafür gedacht ist, wie Supermann auf der Oberfläche der Sonne den äußeren Einflüssen unbeschadet und dauerhaft standzuhalten. Es wird aber Ihr Leben retten, wenn es beispielsweise darum geht, dass die entsprechenden Schutzeinrichtungen innerhalb einiger Millisekunden greifen und mittels Abschaltens die zuvor entstandenen Lichtbögen zum Erlöschen kommen. Ich empfehle jeder Elektrofachkraft, sich der Gefahr von Störlichtbögen sehr bewusst zu bleiben.

Gefahr durch Sekundärwirkung

Unter der Sekundärwirkung des elektrischen Stromes versteht man bei Stromunfällen einen Schaden, welcher nicht durch den elektrischen Strom selbst direkt verursacht wird, jedoch ohne einen elektrischen Fehler nicht aufgetreten wäre. So kann ein Zurückzucken aufgrund eines für sich allein genommen kleinen, folgenlosen Stromschlags zu einem Sturz führen, der abhängig von der Sturzhöhe und anderer Umgebungsfaktoren zu einer sehr schweren oder gar lebensbedrohlichen Verletzung führen kann. Solche Gefahren müssen in eine Gefährdungsbeurteilung ebenso einfließen wie die direkten Auswirkungen elektrischer Gefahren auf den Menschen.

Gefahr durch elektromagnetische Felder

Elektromagnetische Felder gehören in die Kategorie nichtionisierender Strahlung. Niederfrequente elektromagnetische Felder können elektrische Felder und auch Ströme im Körperinneren erzeugen. Dies kann eine Reizung von Nerven und Muskeln verursachen. Hochfrequente elektromagnetische Felder können Körpergewebe erwärmen und damit schädigen – ähnlich einer Mikrowelle.

Besonders dramatisch kann die Wirkung elektromagnetischer Felder auf Implantate wie etwa Herzschrittmacher sein. Hierzu gibt es auch gesonderte Warnhirnweise für Implantatträger, zum Beispiel bei der Handhabung ungeschirmter Bauteile eines Elektromotors.

Auch wenn die meisten gesundheitlichen Folgen elektromagnetischer Felder in der Regel nicht dermaßen akut und direkt auftreten, wie es bei Körperdurchströmung oder durch Störlichtbögen der Fall ist, sind diese dennoch nicht zu vernachlässigen. Gerade die Langzeitwirkung schafft ein trügerisches Gefühl der Gefahrlosigkeit. Daher sind für Elektrofachkräfte die Vorgaben der „*Verordnung zum Schutz der Beschäftigten vor Gefährdungen durch elektromagnetische Felder*" von Bedeutung.

Die Rettungskette

Sollte trotz aller Schutz- und Vorsichtsmaßnahmen, trotz aller technischen, organisatorischen als auch persönlichen Vorkehrungen sich ein Unfall ereignen, so ist die Rettungskette einzuleiten. Die fünf Glieder der Rettungskette sind:

1. Stromkreis unterbrechen oder anderweitig absichern
2. Notruf
3. Erste Hilfe
4. Rettungsdienst
5. Krankenhaus

Bitte denken Sie stets daran: Auch wenn wir alle sowohl moralisch als auch gesetzlich zur Hilfe verpflichtet sind, hat der Eigenschutz stets Vorrang.

Es ist niemandem geholfen, wenn Sie an den unter Spannung stehenden Kollegen mit bloßen Händen fassen und für den nächsten Kollegen damit die Strom-Polonaise eröffnen! Unterbrechen Sie nach Möglichkeit den betroffenen Stromkreis oder nutzen Sie Hilfsmittel, optimalerweise einen Rettungshaken, um eine Kollegin oder einen Kollegen vom Stromkreis zu trennen. Tätigen Sie den Notruf, bevor Sie mit der ersten Hilfe ausgiebig beginnen. Die Erste Hilfe rettet Leben und überbrückt die sehr kritische Zeit bis zum Eintreffen des Rettungsdienstes. Aber das tut sie sehr oft nur dann, wenn der Rettungsdienst auch rechtzeitig kommt, weil er frühzeitig gerufen wurde. Alle Mitarbeiterinnen und Mitarbeiter in der Rettungsleitstelle sind auch medizinisch soweit versiert, um Sie auch bei der Ersten Hilfe unterstützen zu können, mit modernen Smartphones ist das auch mit Lautsprecher soweit kaum noch ein Problem. Ein *„Erster-Hilfe-Kurs“* ist übrigens jeder Elektrofachkraft nur wärmstens zu empfehlen. Bei der Übergabe an den eintreffenden Rettungsdienst ist zu verdeutlichen, dass der Name *„Rettungskette“* ein sehr schönes Bild ist: Es sind Glieder, welche ineinandergreifen. Bitte übergeben Sie wirklich an den Rettungsdienst und klären sie mit diesem ab, ob Sie vor Ort als Ersthelfer noch benötigt werden, bevor Sie sich vollständig zurückziehen. Zeitgleich überlassen Sie aber auch den Profis das Feld, sobald diese eintreffen, ist Ihr Job getan. Und auch wenn es uns nicht mehr direkt betrifft, so gehört der fünfte Punkt dennoch zur Rettungskette: das Krankenhaus. Im Krankenhaus passiert zumeist die intensivste und professionellste Behandlung, deren Erfolg jedoch sehr stark von den vorherigen Gliedern der Rettungskette abhängt.

Stromunfälle können tückisch sein und auch erst deutlich später auftretende Folgen nach sich ziehen. Sobald eine Kollegin oder ein Kollege Kontakt mit Spannungen oberhalb der zulässigen Berührspannungen – grundsätzlich 50 Volt AC und 120 Volt DC – oder mit unbekannten Spannungen hatte, ist medizinische Hilfe aufzusuchen. Dies muss nicht unbedingt sofort der Notruf sein. Sie können auch bei Ihrem Betriebsarzt oder medizinischen Dienst anrufen, die Situation schildern und um Anweisungen bitten, besonders wenn es der oder dem Betroffenen gutzugehen scheint. Aber sobald jemand ohnmächtig wird, über Brustschmerzen oder Atemnot klagt oder auch nur tüddelig im Kopf wird, ist auf jeden Fall ein Notruf angebracht. Die beste Art aber ist und bleibt, es gar nicht erst zum Unfall kommen zu lassen. Achten Sie daher auf sich und ihre Kolleginnen und Kollegen.

Schlussbemerkung

Sie haben nun einen groben, aber guten und breit gefächerten Überblick über die Fachkunde einer Elektrofachkraft erhalten. Sie kennen nicht nur die fünf Sicherheitsregeln, sondern auch die Definition und Verantwortung einer Elektrofachkraft sowie die elektrotechnischen Rollen und Kompetenzen. Sie kennen das Zusammenwirken nationaler, europäischer und internationaler Normen und unterscheiden zwischen Vorschriften, Normen, Vornormen und Anwendungsregeln. Die verschiedenen Netzsysteme sind Ihnen mit Ihren Anforderungen vertraut. Sie begreifen das Konzept des Direkten und des Indirekten Berührens, verstehen damit auch das Konzept der Schutzmaßnahmen nach VDE 0100-410 sowie den Schutzklassen. Neben den OCDs als Überstromschutzeinrichtung kennen und begreifen Sie weitere Schutzeinrichtungen wie RCDs, SPDs, AFDDs und IMDs. Den IP-Code als Schutzarten verstehen Sie einschließlich der Kennzeichnung durch *den* Zusatzbuchstaben und *den* ergänzenden Buchstaben und sind in der Lage, diese auch zu dekodieren. Den unterschied von Kabeln und Leitungen können Sie sicher wiedergeben und haben eine Idee vom Umfang der mannigfaltigen Faktoren und Anforderungen an Kabeln und

Leitungen. Ebenso sind Sie mit der Bedeutung der Prüfung elektrischer Anlagen und Betriebsmittel vertraut. Die Benennung der Klein-, Nieder-, Mittel-, Hoch- und Höchstspannung beherrschen Sie auch in ihren Spannungsniveaus. Die Gefahren des elektrischen Stromes sind Ihnen in ihren Formen der Körperdurchströmung, der Wirkung des Lichtbogens, der Gefahr durch elektromagnetische Felder und der Sekundärwirkung ebenso wie mit der erforderlichen Rettungskette bei einem Unfall vertraut. Damit haben Sie kurz und knapp eine solide Ahnung, welche Ihnen zur Orientierung als Elektrofachkraft hilfreich sein wird. Ich lade Sie auch herzlich ein, sich auf unserer Internetpräsenz unter www.tcs-engineering.de auch über unsere anderen Hörbuch- und Schulungsangebote sowie Blogbeiträge zu informieren. Und ich möchte Sie und alle Ihre Kolleginnen und Kollegen ermutigen, sich – über welches Medium auch immer – *„up to date“* zu halten. Schön, dass Sie mit dem Hören dieses Werkes diesem Grundsatz bereits folgen. Jede Elektrofachkraft *muss* sich kontinuierlich sowohl mit den grundlegenden Regeln der Elektrotechnik als auch den jeweils in ihrem Fachgebiet liegenden Spezifikationen auf dem aktuellen Stand auseinandersetzen. Insbesondere die Frage der Sicherheit muss hierzu im Vordergrund stehen. Da niemand Elektrofachkraft für alle Themengebiete der Elektrotechnik gleichermaßen sein kann, gehört es auch zu einem deutlichen Zeichen an Kompetenz, sich der Grenzen der eigenen Fähigkeiten und Kenntnisse bewusst zu sein – ebenso auch sattelfest in den Grundlagen zu bleiben, selbst wenn man sich längst persönlich und fachlich weiterentwickelt hat. Daher erneut und in aller Kürze die fünf Sicherheitsregeln der Elektrotechnik, welche wirklich jede Elektrofachkraft kennen muss:

- Freischalten
- Gegen Wiedereinschalten sichern
- Spannungsfreiheit feststellen
- Erden und Kurzschließen
- Benachbarte, unter Spannung stehende Teile abdecken oder abschranken

Bitte denken Sie daran: An oberster Stelle steht die Sicherheit von Ihnen und von allen Menschen, die von Ihren Handlungen oder Unterlassungen betroffen sind – nicht nur im Arbeitsbetrieb, aber natürlich in erster Linie in diesem. Dabei sollen Regeln und Vorschriften nicht zu einem Selbstzweck verkommen, sondern stellen eine Hilfe und damit eine Methode dar, um Ihre Sicherheit und die Sicherheit aller Kolleginnen und Kollegen zu gewährleisten. Um es mit einem Zitat des Herrn

Werner von Siemens aus dem Jahr 1880 zu sagen: *"Das Verhüten von Unfällen darf nicht als eine Vorschrift des Gesetzes aufgefasst werden, sondern als ein Gebot menschlicher Verpflichtung und wirtschaftlicher Vernunft."*

Gerne dürfen Sie mir auch Ihr Feedback schreiben. Senden Sie hierzu einfach eine E-Mail an

efk@tcs-engineering.de.

Wenn Ihnen dieses Hörbuch gefallen hat, empfehlen Sie es gerne weiter.

Ich wünsche Ihnen bei Ihrer Aufgabe als Elektrofachkraft viel Erfolg und vor allem allzeit sicheres Arbeiten!